国家电网有限公司
STATE GRID
CORPORATION OF CHINA

U0643361

配网工程安全管理
"十八项禁令"和防人身事故"三十条措施"

国家电网有限公司设备管理部　编

中国电力出版社
CHINA ELECTRIC POWER PRESS

内 容 提 要

为牢固树立安全生产"四个最"意识,进一步加强 10(20)千伏及以下配网工程安全管理,杜绝人身死亡事故,国家电网有限公司设备管理部组织编制了《配网工程安全管理"十八项禁令"和防人身事故"三十条措施"》。

本书可供各级配网工程管理人员、现场施工人员及监督检查人员学习使用。

图书在版编目(CIP)数据

配网工程安全管理"十八项禁令"和防人身事故"三十条措施" /
国家电网有限公司设备管理部编. —北京:中国电力出版社,2023.6
ISBN 978-7-5198-7870-2

Ⅰ.①配… Ⅱ.①国… Ⅲ.①配电系统−安全管理②配电系统−
安全事故 Ⅳ.①TM08

中国国家版本馆 CIP 数据核字(2023)第 097456 号

出版发行:中国电力出版社
地　　址:北京市东城区北京站西街 19 号(邮政编码 100005)
网　　址:http://www.cepp.sgcc.com.cn
责任编辑:肖　敏　刘子婷
责任校对:黄　蓓　马　宁
装帧设计:张俊霞
责任印制:石　雷

印　　刷:三河市航远印刷有限公司
版　　次:2023 年 6 月第一版
印　　次:2023 年 6 月北京第一次印刷
开　　本:850 毫米×1168 毫米　32 开本
印　　张:0.625
字　　数:9 千字
印　　数:0001—2000 册
定　　价:15.00 元

目　录

第一部分 配网工程安全管理 "十八项禁令"及释义

一、配网工程安全管理"十八项禁令"

1. 严禁转包和违规分包。
2. 严禁施工人员无证作业。
3. 严禁未经安全培训进场作业。
4. 严禁劳务分包人员担任工作负责人。
5. 严禁无票、无施工方案作业。
6. 严禁不交底开展施工。
7. 严禁约时停、送电。
8. 严禁施工人员操作运行设备。
9. 严禁工作负责人（监护人）擅自离岗。
10. 严禁擅自扩大工作范围。
11. 严禁擅自变更现场安全措施。
12. 严禁使用未经检验或不合格安全工器具。
13. 严禁不验电、不挂接地线施工。
14. 严禁不打拉线放、紧线。
15. 严禁杆基不牢登杆作业。
16. 严禁登高不系安全带。

17. 严禁抛掷施工材料及工器具。

18. 严禁有限空间未通风、未检测进行作业。

二、配网工程安全管理"十八项禁令"释义

1. 严禁转包和违规分包。

释义：工程承包单位是分包管理的责任主体，禁止以任何形式转包工程；禁止以劳务分包之名，行转包之实，不得以包代管；禁止将工程分包给不具备相应资质的施工企业和个人；禁止分包单位借用他人资质承揽分包工程；禁止分包单位对工作任务进行再次分包；分包合同应报业主项目部备案。

2. 严禁施工人员无证作业。

释义：所有施工人员进场施工前，应取得建设单位进场许可证。禁止无进场许可证人员进入施工现场，禁止无高空作业证人员登高作业，禁止无不停电作业证人员带电作业，禁止无特种作业证人员操作相关机具。业主、监理项目部应全面核查施工人员持证情况并常态化开展现场监督检查。

3. 严禁未经安全培训进场作业。

释义：参建人员应经相应的安全培训并考试合格，掌握本岗位所需安全生产知识、安全作业技能和紧急救护法。建设单位应定期对业主、监理项目部全体人员和施工项目部项目经理、工作负责人、安全员

等关键人员进行安全培训。施工单位应对施工项目部全体作业人员（含专业分包、劳务分包人员）进行安全培训，并报建设单位备案。因故间断工作连续三个月及以上的参建人员，应重新进行安全培训，考试合格后方可恢复工作。

4. 严禁劳务分包人员担任工作负责人。

释义：工作负责人应由有专业工作经验、熟悉现场作业环境和流程、工作范围的施工单位自有人员担任。工作负责人名单应经施工单位考核、批准、公布，并报建设单位备案。

5. 严禁无票、无施工方案作业。

释义：施工单位应在作业前完成现场勘察，根据不同工作内容，填写对应的工作票（作业票），并严格履行签发、许可手续。施工方案由施工项目部编制，经监理项目部审查后，报业主项目部审批。

6. 严禁不交底开展施工。

释义：项目开工前，建设单位应组织运行、设计、监理、施工等单位进行设计及施工交底，交代设计意图、安全技术要求及相关注意事项；施工单位技术负责人向施工人员进行安全技术交底，交代安全质量要求和施工方法措施。现场作业前，工作负责人应对全体作业人员进行安全交底及危险点告知，交待安全措施并确认签字。

7. 严禁约时停、送电。

释义：停电、送电作业应严格执行工作许可制度，禁止采用约时停电、送电。停电工作前，工作许可人应与工作负责人核对线路名称、设备双重名称，检查核对现场安全措施，指明保留带电部位。恢复送电时，工作许可人应向工作负责人确认所有工作已完毕，所有工作人员已撤离，所有接地线已拆除，与记录簿核对无误并做好记录后，方可下令拆除各侧安全措施，合闸送电。

8．严禁施工人员操作运行设备。

释义：为避免误操作造成的电网、人身安全事故，配电运行设备须由设备运维管理单位作业人员进行操作，禁止施工人员操作。

9．严禁工作负责人（监护人）擅自离岗。

释义：工作负责人（监护人）在作业过程中应始终在工作现场认真监护，及时纠正不安全行为。工作期间，工作负责人若需暂时离开工作现场，应指定能胜任的人员临时代替，并告知全体工作班成员；若需长时间离开工作现场时，应变更工作负责人，并告知全体工作班成员及工作许可人。专责监护人临时离开时，应通知作业人员停止作业或离开作业现场；若必须长时间离开作业现场时，应变更专责监护人，告知全体被监护人员。

10．严禁擅自扩大工作范围。

释义：扩大工作范围应履行相关手续。增加工作任务时，如涉及变更或增设安全措施，应重新办理工作票（作业票），履行签发、许可手续；如不涉及停电范围及安全措施变化，经工作票（作业票）签发人和工作许可人同意后，在原工作票（作业票）上注明增加的工作项目，并告知作业人员。

11．严禁擅自变更现场安全措施。

释义：现场安全措施是降低作业风险的有效措施，任何单位或个人不得擅自变更。工作中若有特殊情况需要变更时，工作负责人、工作许可人应先取得对方同意，并及时恢复，变更情况应及时记录在工作票（作业票）上。

12．严禁使用未经检验或不合格安全工器具。

释义：合格的安全工器具能有效防止设备和人身事故，保障作业人员人身安全。施工单位应设专人管理安全工器具，收发应严格落实验收手续，定期开展维护和检验，建立台账。施工人员使用前应进行安全工器具可靠性检查，确认无缺陷、试验合格后方可使用。

13．严禁不验电、不挂接地线施工。

释义：接地前，应使用相应电压等级经检验合格的验电器进行验电，当验明确已无电压后，立即可靠接地。禁止作业人员擅自变更工作票中指定的接地线位置、数量，若需变更应由工作负责人征得工作票签发人或工作许可人同意，并在工作票上注明变更情况。

14. 严禁不打拉线放、紧线。

释义：放、紧线作业前应在耐张杆塔导线的反向延长线上装设临时拉线。临时拉线一般使用钢丝绳或钢绞线，对地夹角宜小于 45°，一个桩锚上的临时拉线不得超过两根，临时拉线固定应牢固可靠。作业过程中应实时检查临时拉线受力情况。

15. 严禁杆基不牢登杆作业。

释义：作业人员在攀登杆塔前，应检查杆根、杆身、基础和拉线是否牢固，电杆埋深是否合格，铁塔塔材是否缺少，螺栓是否齐全、匹配和紧固。遇有冲刷、起土、上拔或导地线、拉线松动的杆塔，应先培土加固、打好临时拉线或支好架杆。禁止攀登杆基未完全牢固或未做好临时拉线的新立杆塔。

16. 严禁登高不系安全带。

释义：高处作业人员应正确使用安全带，宜使用有后备保护绳或速差自锁器的双控背带式安全带，安全带和保护绳应分挂在杆塔不同部位的牢固构件上。安全带及后备防护设施应高挂低用，高处作业过程中，应随时检查安全带牢靠情况，转移位置时不得失去安全带保护。

17. 严禁抛掷施工材料及工器具。

释义：高处作业所用的工具和材料应放在工具袋内或用绳索拴在牢固的构件上，较大的工具应系保险绳，施工用料应随用随吊。向坑槽内运送材料时，坑上坑下应统一指挥，使用溜槽或绳索向下放料，不得抛掷。任何人员不得在吊物下方接料或停留。

18. 严禁有限空间未通风、未检测进行作业。

释义：进入深基坑、电缆井、电缆隧道等有限空间作业，应坚持"先通风、再检测、后作业"的原则。作业前应进行风险辨识，分析有限空间气体种类并进行评估监测，做好记录。检测人员进行检测时，应当采取防中毒窒息等安全防护措施。检测时间不宜早于作业开始前30分钟，作业中断超过30分钟，应重新通风、检测合格后方可进入。

第二部分 配网工程防人身事故"三十条措施"

一、防触电工作措施

1．工作前必须开展现场勘察。现场勘察应明确施工作业停电范围、保留的带电部位、接地线装设位置、数量、编号以及邻近线路、交叉跨越、联络电源、分布式电源等危险点。

2．严格执行停电、验电、挂接地线、悬挂标示牌和装设遮栏（围栏）等保证安全的技术措施。工作地段内有可能反送电的各分支线都应挂接地线。

3．架空绝缘导线不得视为绝缘设备，作业人员不得直接接触或接近。禁止作业人员穿越未停电接地或未采取隔离措施的在运绝缘导线进行工作。

4．登杆塔前，作业人员应核对线路的识别标记和线路名称、杆号，无误后方可攀登。

5．对邻近带电线路、设备导致施工线路或设备可能产生感应电压时，应加装接地线或使用个人保安线。在带电设备区域内使用起重设备时，应保证足够的安全距离，安装接地线并可靠接地。

6．放线、撤线与紧线时，应控制导线摆（跳）动，保持与带电线路的安全距离。遇有 5 级及上大风时，应停止作业。

7．施工电源应有漏电保护装置。电动工器具、机具金属外壳必须可靠接地，使用前检测漏电保护装置是否正确动作。

8．作业时，严禁擅自变更工作范围或安全措施。办理工作终结手续前，应确认所有施工人员已撤离工作现场，所有安全措施已拆除。

9．带电作业应穿戴合格绝缘防护用具。作业时应有人监护，监护人不得直接操作，监护范围不得超过一个作业点。复杂或高杆塔作业，必要时应增设专责监护人。

二、防高坠工作措施

10．5 级及以上的大风以及暴雨、雷电、冰雹、大雾、沙尘暴等恶劣天气下，应停止露天高处作业。

11．登高前，应检查登高工具、设施是否完整牢靠。攀登有覆冰、积雪、积霜、雨水的杆塔时，应采取防滑措施。严禁借助绳索、拉线上下杆塔或顺杆下滑。

12．在杆塔上作业时，宜使用有后备保护绳或速差自锁器的双控背带式安全带。安全带应高挂低用，并和后备保护绳分别挂在不同部位的牢固构件上。

13．作业人员攀登杆塔、杆塔上移位及杆塔上作业时，应系好安全带，全程不得失去安全保护。应防止安全带从杆顶脱出或被锋利物件损坏。

14．对于附着物较多的杆塔，高处作业时宜采用斗臂车方式进行作业。跨越障碍物时，必须经验电确认安全后方可跨越，跨越过程中不得失去安全保护。

15．严禁携带器材登杆。杆上所用工具应装在工具袋内，高空作业传递工具、器材应使用绳索，不得抛扔。杆塔上下无法避免垂直交叉作业时，应做好防落物伤人的措施。

16．杆塔上有人工作时，严禁调整或拆除拉线。不得随意拆除未采取补强措施的受力构件。杆塔上作业人员不得从事与工作无关的活动。

17．使用梯子进行高处作业时，梯子应坚固完整，有防滑措施和限高标志，有专人扶梯。梯子严禁绑接使用。人字梯应有限制开度的措施。

18．居民区及交通道路附近开挖的基坑，应安全遮蔽或可靠隔离，加挂警告标示牌，夜间挂红灯。基础浇筑与拆除模板时，作业人员应从扶梯上下。

三、防倒杆工作措施

19．水泥杆基础设计原则上加装底盘和卡盘，无需加装的应经充分论证。对于坡道、河边等易造成基础冲刷，或埋深无法满足的电杆，应采取加固措施。

20．严格立杆前检查，施工、监理单位应提前对电杆逐基检查。重点检查电杆横、纵向裂纹、3 米标记线、制造厂标识和载荷级别等。

21．严格基础施工质量工艺，直线杆卡盘应顺线路方向，左、右侧交替埋设，承力杆卡盘埋设在承力侧。电杆、卡盘埋深应满足设计要求，电杆基坑回填时应分层夯实。

22．严格执行立杆旁站监理。立杆过程监理人员应采取旁站方式，重点监督隐蔽工程质量和电杆埋深。

23．立（撤）杆塔要由专人统一指挥，使用吊车立、撤杆塔，钢丝绳套应挂在电杆的适当位置以防止电杆突然倾倒。撤杆时，应先检查有无卡盘或障碍物并试拔。

24．调整杆塔倾斜、弯曲、拉线受力不均时，应根据需要设置临时拉线及其调节范围，并应有专人统一指挥。

25．登杆作业前，应检查杆根、拉线及基础是否牢固，攀登过程中应检查纵向、横向裂纹，检查法兰连接处和金具锈蚀情况。禁止攀登杆基未完全牢固或未做好临时拉线的新立杆塔。

26．紧、撤线前，应检查拉线、桩锚及杆塔，必要时，应加固桩锚或增设临时拉线。紧、撤线时应防止导线接头卡住。禁止采用突然剪断带张力导线的做法松线。

四、防中毒窒息工作措施

27．有限空间作业应坚持"先通风、再检测、后作业"的原则，作业前应进行风险辨识。出入口应保持畅通并设置明显的安全警示标志，夜间应设警示红灯。

28．进入有限空间前，应先用通风设备排除浊气，再用气体检测仪检查有限空间内易燃易爆及有毒气体的含量是否超标，并做好记录。

29．有限空间内作业，应在入口处设专责监护人，事先与作业人员规定明确的联络信号，并保持联系。工作时，通风设备应保持常开。作业前和离开时应准确清点人数。

30．有限空间作业场所，应配备符合国家标准要求的安全作业设备、应急救援装备和个人防护用品。实施救援时，禁止盲目施救，救援人员应做好自身防护，佩戴必要的呼吸器具、救援器材。